LOCUS

LOCUS

LOCUS

LOCUS

catch

catch your eyes ; catch your heart ; catch your mind······

CA285

零廚藝也可以！15 分鐘做出日式星級便當

作　　　者　稻村健司
責 任 編 輯　江文萱
封 面 設 計　許慈力
內 頁 設 計　菩薩蠻電腦科技有限公司
攝　　　影　許家華

出 版 者　大塊文化出版股份有限公司
　　　　　105022 台北市松山區南京東路四段 25 號 11 樓
　　　　　www.locuspublishing.com
　　　　　locus@locuspublishing.com
服 務 專 線　0800-006-689
電　　　話　02-87123898
傳　　　真　02-87123897
郵政劃撥帳號　18955675
戶　　　名　大塊文化出版股份有限公司
法 律 顧 問　董安丹律師、顧慕堯律師
　　　　　版權所有 侵權必究

總 經 銷　大和書報圖書股份有限公司
　　　　　新北市新莊區五工五路 2 號
電　　　話　02-89902588
傳　　　真　02-22901658

初 版 一 刷　2022 年 8 月
定　　　價　500 元
I　S　B　N　978-626-7118-73-3

日式星級便當

15分鐘做出

零廚藝也可以!

Kenji's
Bento
Recipes

稻村健司

——著——

跨國餐飲集團的培訓專家,以台灣在地食材為忙碌生活打造幸福便當

一天一便當，好吃又健康

作者序 | 稻村健司

　　擔任日本料理廚師有 20 多年了，其中的 16 年是在台灣度過，想當初我從一句中文都不會，到現在可以跟菜市場的老闆們輕鬆對話，感覺自己成為半個台灣人！

　　2006 年我剛來台灣擔任「和食えん」料理長，被台灣的豐富食材深深吸引，四季都有最「丟時」的當令食材。因此，我常在料理中以日式烹調手法融合台灣在地食材，因為再新鮮的食材經過運輸時間，鮮度總會降低，想要追求當令、新鮮，唯有就地取材。

　　此外，在 CitySuper 廚藝教室、Skills cooking school 等廚藝教室擔任常駐客席主廚期間，透過料理課程的互動，理解一般消費者在做料理會遇到的問題與困難，並且帶著他們一起找到答案，我想這才是廚藝教室的最高宗旨。

　　沒有人天生就會做料理，對於忙碌的現代人來說，該如何開啟第一步？這本《零廚藝也可以！15 分鐘做出日式星級便當》要帶著大家一起動手作，以 1 天 1 便當規劃出一個月 31 天的便當菜色、15 道便當配菜，以及 4 款萬用醬料，用最簡單的作法搭配台灣在地食材，讓每個人都能在零壓力的狀態下做出專屬的命定便當。自己下廚使用的食材、料理過程全都能自己掌握，調味上也能依自己的喜好調整。先從書中的食譜開始，慢慢找出適合自己的口味作法，一步一步開啟你的料理 Me Time，讓我們一起在料理過程裡，找回那些生活中被遺忘的小美好。

下廚前！便當必備調味料

醬油

蒸、煮、炒、蘸、滷都少不了它，醬油可運用在各式料理烹調上，讓料理添色添味，在亞洲飲食文化中扮演非常重要的角色。

鰹魚調味露（2倍濃縮）

鰹魚調味露就是有讓普通菜餚變得不平凡的魔力，用量節省是廚房的料理好幫手，輕鬆就能變出一桌媲美滿漢全席的美味料理。

香油

以白芝麻為原料混合食用油的香油，外觀金黃透亮，具有清香芝麻香氣，口感滑順的香油主要可增添食物香氣，有畫龍點睛的效果。

胡椒

胡椒能增添食物的風味，更是料理不可或缺的辛香料之一，不論中式或西式菜餚都適用，市售的胡椒有粉狀、粒狀，可依個人喜好選擇。

柴魚粉

柴魚粉堪稱料理的魔術師，不論炒菜、煮湯都適用，也能減少其他調味料用量，柴魚粉能讓簡單的菜餚變得鮮美，讓料理又香又有層次。

味醂

味醂是一款帶有甜味的料理酒，能有效去除魚類與肉類食材的腥味，起鍋前加入適量味醂，能讓料理產生令人胃口大開的漂亮色澤。

七味粉

以辣椒搭配其他6種不同香料的七味粉，是一款很常運用在日式料理的綜合調味料，除了烏龍麵也適合加在海鮮、肉類、湯品等料理。

白味噌

味噌風味因發酵程度而不同，白味噌鹹度較紅味噌低、口感清爽溫和，除了能用來製作味噌湯之外，也可以用來醃漬小菜和涼拌菜。

一天一便當，好吃又健康

疫情除了影響我們的社交模式，也改變了大家的飲食習慣，防疫期間很多餐廳暫停營業，每天叫外賣外送有時會踩雷也會膩，想吃得健康些不如自己帶便當！

自己帶便當除了清楚食材來源，在料理方式、調味上也能依自己的喜好調整，現在就跟著稻村健司料理長 step by step，一步一步開啟你的料理 Me Time。

便當 #1

和風雞唐揚

酥脆外皮搭配鮮嫩多汁的雞腿肉，
讓人忍不住一口接一口。

芝麻菠菜
P.142

蟹肉毛豆蛋
P.138

材料

雞腿肉：1片，約 200g
柴魚粉：2g
鹽：1g
蒜泥：2g
醬油：5ml
胡椒：0.2g
油：適量
太白粉：適量

作法

1 切雞腿肉，將雞腿肉切小塊，可以入口的大小。
2 調醬料，取一空碗將柴魚粉、鹽、蒜泥、醬油、胡椒放入碗裡並放入雞腿肉，讓醬料與雞腿肉均勻混合。
3 起一煎鍋倒油，將雞肉沾太白粉後先將雞皮面朝下放入鍋內，以中小火將兩面煎至金黃即可。
4 起鍋後，可先以廚房紙巾吸附雞肉上的多餘油脂。

料理長筆記

● 不喜歡油炸的人，也可沾太白粉後噴上適量油，放入預熱過的烤箱，以 180 度烤 7 ～ 8 分鐘即可。

便當 #2

青椒雞肉炒

軟嫩雞肉搭配青椒爽脆的口感，
絕對爽口好吃又下飯。

馬鈴薯蛋沙拉
P.148

材料

雞胸肉：1 片，約 200g，剖半
切絲
蒜末：5g
香油：5ml
醬油：5ml
蠔油：10g
清酒：15ml
油：適量
乾辣椒：1 條，切小塊
青椒：100g，切絲

作法

1 醃肉，取一空碗將雞胸肉
絲、蒜末、香油放入碗中拌
勻備用。

2 調醬料，取另一空碗將醬
油、蠔油、清酒放入碗中均
勻混合備用。

3 起一煎鍋加油，放入乾辣
椒、作法 1 的雞胸肉以中小
火煎熟，再加入青椒絲拌
炒。

4 倒入作法 2 的醬料，讓青椒
雞胸肉均勻沾附醬料即可起
鍋。

料理長筆記

● 雞胸肉油脂少，青椒需要多一點油炒才好吃，兩者加在一
起剛好可以中和油膩感。

● 青椒需先去籽、去囊再切絲，青椒的纖維由頂至底為順紋，
順著紋理切就算熱炒過口感也能保持清脆。

便當 #3

香辣雞翅

使用多種辛香料讓雞翅口感更有層次，
鹹香辣口感讓人百吃不膩。

玉子燒
P.140

小黃瓜芹菜淺漬
P.144

材料

雞翅：5 支
蒜泥：2g
薑泥：2g
蔥：1／4 支，切蔥末
韓國辣椒醬：5g
糖：3g
醬油：10ml
香油：10ml
白芝麻：1g
油：適量

作法

1 醃雞翅，取一空碗將蒜泥、薑泥、蔥末、韓國辣椒醬、糖、醬油、香油、白芝麻放入碗中拌勻，放入雞翅讓醬料均勻沾附在雞翅上。

2 起一煎鍋加油，將雞皮面朝下放入鍋內以中小火烹煮，可蓋上鍋蓋讓雞翅熟得更快。

3 待雞皮面煎至金黃後，翻面繼續煎約 2 分鐘。

4 起鍋前可將剩餘的醃料倒入鍋內，讓雞翅均勻混合醬汁後關火起鍋。

料理長筆記

● 可一次將多支雞翅先醃好，分批裝袋進冷凍庫保存，約可保存 3 週。
● 不喜歡油炸的人，可放入預熱過的烤箱以 180 度烤 7 ～ 8 分鐘即可。

便當 #4

雞肉茄子蕃茄

利用番茄的鮮甜與茄子、雞肉的巧妙搭配，
呈現出視覺味覺都令人驚豔的料理。

青花菜蛋沙拉
P.147

材料

雞腿肉：1片，約200g
茄子：1條，約100g
橄欖油：50ml
蒜末：7g
乾辣椒：1條，切塊
洋蔥：50g，切塊
水煮番茄罐頭：1罐
糖：10g
鹽：2g
雞粉：10g
胡椒：1g

作法

1 雞肉切塊，將雞腿肉切小塊，可以入口的大小。

2 茄子削皮切塊，將茄子間隔削皮並切成1.5公分的厚片，不喜歡茄子皮口感的人可將皮全部削去。

3 起一煎鍋倒油，加入蒜末、乾辣椒、洋蔥以中小火炒香。

4 將雞腿肉放入鍋內拌炒約4分鐘（雞肉約五、六分熟）後加入作法2的茄子，待茄子將鍋內的油份吸收後倒入水煮番茄罐頭拌煮。

5 加入糖、鹽、雞粉、胡椒拌勻繼續煮10分鐘即可。

料理長筆記

● 茄子切開後容易氧化變黑，如果無法馬上料理可先將切開的茄子泡在冷水中，要料理時再將茄子瀝乾。

便當 #5

柚香照燒雞肉

鹹甜可口的照燒醬，
不論搭配哪種肉類都能增加肉片的甘醇口感。

青花菜蛋沙拉
P.147

材料

無骨雞腿肉：1 片，約 200g

鹽：1g

胡椒：3g

醬油：30ml

清酒：10ml

柚子醬：30g

糖：5g

油：適量

作法

1　在雞腿肉上灑鹽、胡椒，均勻塗抹在雞腿肉上。

2　調醬料，取一空碗將醬油、清酒、柚子醬、糖放入碗中拌勻。

3　煎雞肉，起一煎鍋放油，先將雞皮面朝鍋底，以中小火煎至金黃後翻面繼續煎 2～3 分鐘，可蓋上鍋蓋讓雞腿肉熟得更快。

4　倒入作法 2 的醬汁，讓雞肉均勻沾滿醬汁，待醬汁收乾即可。

料理長筆記

● 雞肉煎熟的過程中，會陸續煎出雞油，可以廚房紙巾吸付多餘的油，這樣雞肉煎出來會比較好看，也可以避免吃進太多油。

● 同樣的醬汁、作法，也可將雞腿肉換成豬肉或雞胸肉。

便當 #6

豬肉醬

不知道做什麼的時候就做豬肉醬，
從備料到完成不用任何廚藝技巧！

培根奶油玉米
P.150

小黃瓜芹菜淺漬
P.144

材料

醬油：10ml
蒜泥：1g
糖：5g
七味粉：1g
清酒：5ml
味噌：10g
香油：5ml
豬絞肉：100g

作法

1 調醬料，取一空碗將醬油、蒜泥、糖、七味粉、清酒、味噌放入碗中拌勻。
2 起一煎鍋倒香油，將豬絞肉放入鍋內以中小火炒約 2 分鐘。
3 倒入作法 1 的醬料與豬絞肉一起拌炒至醬料收乾即可。

便當 #7

三色飯

兼顧視覺與美味營養，
是一款大人小孩都愛的便當。

材料

豌豆莢：10g
水：20ml
香油：5ml
雞絞肉：100g
洋蔥：20g，切丁
柴魚粉：3g
糖：3g
醬油：10ml
油：5ml
雞蛋：1顆，打散

作法

1 豌豆莢去「絲」，豌豆莢兩側各有一條比較粗的纖維，先將絲去掉口感才不會硬。將去絲後的豌豆莢放入碗中、倒入 20ml 水放進微波爐加熱 30 秒後取出切絲。

2 起一煎鍋倒香油，加入雞絞肉以中小火拌炒至九分熟，倒入洋蔥繼續拌炒，加入柴魚粉、糖、醬油拌炒約 30 秒起鍋備用。

4 同一支鍋倒油，倒入蛋液以中小火炒熟後起鍋。

5 將豌豆莢、雞絞肉、炒蛋裝入便當即可。

料理長筆記

● 三色飯的食材都可以自由替換，雞絞肉可換成豬絞肉，豌豆莢也可以菠菜、水菜、秋葵代替，只要將菠菜、水菜、秋葵燙熟即可。

便當 #8

蒲燒豬肉

日式蒲燒醬讓豬肉沾滿金黃色醬汁，
鎖住豬肉肉汁提升口感。

醃漬蛋
P.139

芝麻菠菜
P.142

材料

豬梅花肉：1 片，約 100g

鹽：2g

胡椒：1g

醬油：15ml

蜂蜜：15g

洋蔥泥：15g

清酒：10ml

油：5ml

麵粉：適量

作法

1 切斷肉筋，將豬梅花肉上的筋切斷，讓煮好的肉變得軟嫩。

2 醃肉，在豬梅花肉上灑上鹽、胡椒靜置約 3 分鐘。

3 調醬料，取一空碗將醬油、蜂蜜、洋蔥泥、清酒倒入碗中拌勻。

4 起一煎鍋倒油，將豬梅花肉沾滿麵粉放入鍋內以中小火將兩面煎熟，約各煎 4 分鐘。

5 待肉煎熟後倒入作法 3 的醬料，繼續烹煮約 3 分鐘即可起鍋。

料理長筆記

● 梅花肉略帶筋，烹煮前先以刀斷筋，煮好的肉才會好入口。

便當 #9

烤豬排

吃膩了炸豬排？
利用烤箱也能讓豬排烤出卡滋酥脆口感。

高麗菜昆布
P.146

材料

豬里肌肉：1 片，約 100g
鹽：1g
胡椒：1g
雞蛋：1 顆，全蛋
水：5ml
麵粉：10g
麵包粉：10g
豬排醬：適量

作法

1 切斷肉筋，豬里肌先以刀斷肉筋，兩面加鹽、胡椒輕按 30 秒。

2 做麵糊，取一空碗將蛋打入碗中倒水拌勻，再加入麵粉拌勻。

3 將豬里肌放入作法 2 的麵糊中沾滿麵糊後再沾麵包粉。

4 取出烤盤鋪料理紙並放入豬里肌，並在豬里肌滴上適量油，放入預熱過的烤箱以 200 度烤約 10 分鐘即可，要吃之前再加上適量豬排醬。

料理長筆記

● 豬里肌肉質紮實肉筋也較多，先敲斷肉筋可以讓料理後的豬排肉口感較鬆軟。

便當 #10

豬肉牛蒡金平

豬肉牛蒡搭配以糖、醬油做出的金平醬，
甜鹹的滋味絕對下飯。

柚子蘿蔔
P.143

蘆筍味噌炒
P.137

材料

牛蒡：50g
豬五花肉片：100g，切段
香油：5ml
乾辣椒：1條，切段
糖：15g
醬油：30ml
白芝麻：3g

作法

1 清洗牛蒡，將牛蒡清洗乾淨
   後切片。
2 起一煎鍋到香油，放入乾辣
   椒、豬五花肉片以中小火拌
   炒，待豬五花肉片熟後再加
   入牛蒡拌炒。
3 加入糖、醬油繼續拌炒約1
   分鐘，起鍋前灑上白芝麻即
   可。

料理長筆記

● 切片後可先泡水以免牛蒡氧化變黑。
● 乾辣椒先去籽可降低辣度，不吃辣的人可以選擇不加。

便當 #11

豬肉蘆筍卷

蘆筍營養價值高,肉捲料理簡單易做,
輕鬆做出好吃好看的便當。

韭菜烘蛋
P.141

材料

蘆筍（大支）：3 支
水：300ml
鹽：2g
豬五花肉片：3 片，約 60g
麵粉：適量
鰹魚醬油：50ml
糖：5g
油：5ml
奶油：5g

作法

1　蘆筍削皮，蘆筍接近根部的纖維比較粗，需削去接近根部 1 ／ 2 的皮。

2　燙蘆筍，起一鍋熱水加鹽，將蘆筍放入鍋內以中火煮約 2 分鐘，起鍋將蘆筍沖冷水，沖冷水這個動作可以讓蘆筍顏色保持翠綠。

3　將豬五花肉片完整捲在蘆筍上，沾取麵粉。

4　調醬料，取一空碗將鰹魚醬油、糖到入碗中均勻混合。

5　起一煎鍋倒油，將作法 3 的蘆筍捲放入鍋內以中小火煎熟，再倒入作法 4 的醬料並放入一小塊奶油，待醬汁稍微收乾即可起鍋。

料理長筆記

● 蘆筍豬肉捲沾麵粉是為了避免豬肉捲散掉，且沾取麵粉後食材也較容易吸附醬汁。

便當 #12

橙醋醬油豬肉

堪稱魔法調味醬的橙醋醬油可應用在各種料理，
滋味清爽淡雅絕對是廚房神隊友。

材料

豬梅花肉：150g
鹽：2g
胡椒：1g
橙醋醬油：40ml
蒜末：2g
薑泥：2g
蠔油：10ml
糖：5g
香油：5g
太白粉：適量
青椒：20g，切塊
紅椒：20g，切塊
黃椒：20g，切塊
洋蔥：20g，切塊
蔥：1／2支，切段

作法

1 切肉，將豬梅花肉切小塊，灑上鹽、胡椒靜置約3分鐘。
2 調醬料，取一空碗將橙醋醬油、蒜末、薑泥、蠔油、糖放入碗中拌勻。
3 起一煎鍋倒香油，將作法1的豬梅花肉先沾太白粉再下鍋以中小火煎約4分鐘，煎至兩面金黃再加入青椒、紅椒、黃椒、洋蔥、蔥段繼續拌炒。
4 將作法2的醬料倒入鍋內，煎煮到食材都上色即可起鍋。

便當 #13

牛壽喜燒

牛壽喜燒也能成為便當菜，
只要簡單的步驟就能做出神級美味。

醃漬蛋
P.139

材料

牛五花肉片：100g，對半切
板豆腐：1／4盒，切片
新鮮香菇：2朵，對半切
蔥：1／2支，切段
醬油：15ml
糖：5g
柴魚粉：3g
清酒：5ml

作法

1 起一煎鍋，將牛五花肉放入鍋內以中小火煎熟，因為牛五花肉本身有油脂，所以就不用另外放油。

2 將板豆腐、香菇、蔥段放入鍋內。

3 加入醬油、糖、柴魚粉繼續拌炒，炒至湯汁收乾即可。

便當 #14

韓式炒牛肉

簡單迅速的韓式辣椒醬搭配炒牛肉，
不只開胃更能開心。

高麗菜昆布
P.146

玉子燒
P.140

材料

糖：5g
韓式辣椒醬：5g
蒜泥：2g
醬油：10ml
蠔油：10ml
清酒：10ml
香油：3ml
牛五花肉片：100g
洋蔥：20g，切絲
韓式泡菜：50g

作法

1 調醬料，取一空碗將糖、韓式辣椒醬、蒜泥、醬油、蠔油、清酒放入碗中拌勻。

2 起一煎鍋加香油，將牛五花肉放入鍋內以中小火煎熟。

3 加入洋蔥絲、韓式泡菜拌炒，再倒入作法 1 的醬料繼續烹煮至醬汁收乾即可。

料理長筆記

● 加入香油可以增加料理的香氣，在烹煮過程中如果發現油太多，可以廚房紙巾吸取油脂。
● 同樣的醬料、作法可將牛五花肉片換成豬肉或雞肉。

便當 #15

烤箱版炸蝦

誰說要進餐廳才能吃到炸蝦，
在家也能做出餐廳級的美味炸蝦料理。

青花菜蛋沙拉
P.147

材料

白蝦：5 隻
雞蛋：1 顆，全蛋
水：5ml
麵粉：適量
麵包粉：適量
鹽：2g
胡椒：2g
豬排醬：適量
美乃滋：適量

作法

1 蝦子去頭去殼、斷筋，從蝦子下巴往上輕拔即可將蝦腸一拼去除。從蝦腹往背部分段切約 1／3 深，這樣料理好的蝦子就不會捲曲。

2 做麵糊，取一空碗將蛋打入碗中到入水拌勻，再加入麵粉拌勻。

3 將蝦子放入作法 2 的麵糊中沾取麵糊再沾麵包粉。

4 取出烤盤鋪料理紙並放上蝦子，在蝦子上噴適量油，烤箱先預熱以 180 度烤約 5 分鐘即可。

便當 #16

干貝奶油醬油炒

充滿大海滋味的干貝,
只需簡單香煎佐以醬油與奶油即可。

蟹肉毛豆蛋
P.138

材料

豌豆莢：20g

干貝：5 顆

鹽：2g

胡椒：1g

油：5ml

清酒：5ml

蒜末：5g

奶油：10g

醬油：5ml

作法

1 豌豆莢去絲，從豌豆莢尾巴部分向後折順勢拉下去，能去掉一邊的粗絲，再將蒂頭折斷往另一邊拉順勢去絲。

2 醃干貝，將干貝灑鹽、胡椒靜置約 2 分鐘。

3 起一煎鍋倒油，將作法 2 的干貝放入鍋內以中小火將兩面煎熟。

4 放入作法 1 的豌豆莢、倒入清酒蓋鍋蓋繼續烹煮約 2 分鐘，再加入蒜末、奶油、醬油，待奶油融化、食材沾附醬汁後即可起鍋。

料理長筆記

● 蒜頭最後才下鍋可避免蒜頭焦掉。

便當 #17

蜂蜜蒲燒鮭魚

利用鮭魚也能做出神級美味，
加入蜂蜜鹹甜口感超級下飯。

蒟蒻金平
P.151

小黃瓜芹菜淺漬
P.144

材料

醬油：15ml
糖：5g
清酒：10ml
蜂蜜：10g
鮭魚：1 片，約 100g
麵粉：適量
油：3ml

作法

1 調醬料，取一空碗將醬油、糖、清酒、蜂蜜放入碗中拌勻。
2 鮭魚沾麵粉備用。
3 起一煎鍋倒油，將鮭魚放入鍋內以中小火將兩面煎熟。
4 將作法 1 的醬料倒入鍋內，繼續烹煮約 1 分鐘，讓鮭魚沾滿醬料即可起鍋。

料理長筆記

● 同樣的醬料與作法，可以將鮭魚換成比較有油脂的魚，例如：鯖魚、秋刀魚、虱目魚等。

便當 #18

鹽麴鮭魚

鹽麴含豐富的酵素,能讓鮭魚肉質軟嫩、鮮香下飯。

芝麻菠菜
P.142

油豆腐味噌煮
P.149

材料

鮭魚：1 片，約 100g
鹽麴：15g

作法

1 醃鮭魚，以鹽麴醃漬鮭魚，要均勻塗抹在鮭魚兩面，建議最少先冷藏醃漬一天。
2 將烘焙紙鋪在烤盤上，並將醃漬好的鮭魚放入烤盤。
3 烤箱需先預熱至 200 度，再烤 10 分鐘即可。

料理長筆記

● 鮭魚可一次醃漬數片放冷藏一天後，再分批裝袋進冷凍庫保存，約可保存 3 週，要吃的時候再取出用烤箱烤熟即可。

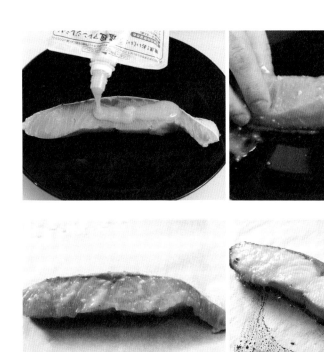

便當 #19

蒜香鯖魚

鯖魚油脂多豐含蛋白質，
蒜香油煎最能吃出鯖魚的鮮美滋味。

馬鈴薯蛋沙拉
P.148

高麗菜昆布
P.146

材料

鯖魚片：1 片
橄欖油：50ml
蒜泥：3g
薑泥：3g
鹽：5g
胡椒：1g
乾辣椒：1 條，切段

作法

1 切鯖魚，將鯖魚切成 4 片，在魚背上以刀劃 X，這個動作可避免煮熟的魚片捲曲。

2 調醬料，取一空碗將橄欖油、蒜泥、薑泥、鹽、胡椒倒入碗中拌勻。

3 將鯖魚放入作法 2 的醬料中，兩面都要沾滿醬料，最好先放冷藏靜置一天。

4 起一煎鍋，將作法 3 的醬料倒入鍋中，以中小火先煎有皮的那面，待 2 分鐘後再翻面，兩面煎熟即可。

料理長筆記

● 煎鯖魚記得要以中小火煎煮，因為鍋內有蒜泥、薑泥，如果火太大一下就會燒焦。

便當 #20

沙丁魚炒蛋

沙丁魚罐頭除了單吃還能跟蛋一起下鍋炒，
即刻變身另一道美味料理。

橙醋秋葵
P.145

材料

油漬沙丁魚罐頭：1／2罐

胡椒：1g

小番茄：3顆，對半切

雞蛋：1顆，打散

蒜末：5g

作法

1 起一煎鍋，直接將沙丁魚罐頭倒入鍋內，加入胡椒、小番茄、蒜末拌勻。

2 將雞蛋倒入鍋內一起拌炒至蛋成型即可起鍋。

料理長筆記

● 市售的沙丁魚罐頭有水漬、油漬、番茄等口味，可依自己喜歡的口味挑選。

便當 #21

雞肉豆腐漢堡排

使用雞絞肉混合板豆腐簡單易做，
口感不輸給牛豬肉漢堡。

青花菜蛋沙拉
P.147

蒟蒻金平
P.151

材料

板豆腐：150g

雞絞肉：300g

雞蛋：1 顆，全蛋

鹽：5g

胡椒：0.3g

香油：5ml

洋蔥：25g，切丁

新鮮香菇：1 朵，切丁

太白粉：5g

蒜末：2g

油：適量

作法

1 板豆腐以廚房紙巾擦乾水份。

2 取一空碗將雞絞肉與板豆腐均勻混合，加入雞蛋、鹽、胡椒、香油、洋蔥、香菇拌勻，加入太白粉繼續攪拌。

3 漢堡肉塑型，取適量油抹在手上，再從作法 2 取適量漢堡肉塑型成手掌大小備用。

4 起一煎鍋倒適量油，將作法 3 的漢堡排放入鍋內蓋上鍋蓋，以中小火每面約煎 3 分鐘，將兩面煎熟即可。

料理長筆記

● 菇類料理前不需用水洗，且若沖水後風味會較差且不耐放。

● 此份量約可做 5 個手掌大小的漢堡排。

● 漢堡排可一次多做幾個，煎熟後再分裝冷藏，約可保存 3 ～ 4 天。

便當 #22

豬肉丸

一口咬下鮮甜肉汁在口中融化，
這就是幸福的味道。

高麗菜昆布
P.146

醃漬蛋
P.139

材料

豬絞肉：300g
鹽：2g
糖：10g
胡椒：0.5g
蒜泥：3g
太白粉：適量
洋蔥：30g，切丁
油：適量
糖：10g
橙醋醬油：30ml
番茄醬：30g

作法

1 取一空碗放入豬絞肉，用手抓捏約 5 分鐘，讓豬肉出筋增加黏性。

2 在作法 1 加入鹽、胡椒、蒜泥、太白粉再用手抓勻，最後加入洋蔥丁繼續拌勻。

3 豬肉丸塑型，利用拇指與食指所形成的圓圈將作法 2 的肉泥擠成球形，並以湯匙輔助取適量豬肉丸大小。

4 煎豬肉丸，取一煎鍋倒油，以中小火將作法 3 的豬肉丸放入鍋內煎熟。

5 調醬料，取一空碗將糖、橙醋醬油、番茄醬倒入碗中拌勻。

6 將作法 5 的醬料倒入鍋內跟豬肉丸一起煮，讓豬肉丸均勻沾附醬汁即可。

料理長筆記

● 同樣的做法，也可以將豬絞肉換成牛絞肉。
● 以手抓捏豬絞肉能讓豬肉空氣排出，且豬肉筋性出來口感更紮實。
● 洋蔥最後加可避免洋蔥出水肉丸無法成型且影響口感。

便當 #23

漢堡排

日劇裡的漢堡排也能自己做，
隨時都能在家重現日劇美味。

蘆筍味噌炒
P.137

玉子燒
P.140

材料

蒜泥：3g
鹽：3g
胡椒：1g
番茄醬：5g
麵包粉：30g
牛奶：20ml
雞蛋：1顆，全蛋
洋蔥：50g，切丁
牛絞肉：300g
豬絞肉：150g
豬排醬：10g
番茄醬：5g

作法

1 調醬料，取一空碗加入蒜泥、鹽、胡椒、番茄醬、麵包粉、牛奶、雞蛋拌勻。

2 取一空碗將洋蔥丁放入碗中，蓋上保鮮膜放入微波爐加熱 30 秒。

3 取另一空碗，將豬絞肉、牛絞肉放入碗內，以手揉捏將牛肉與豬肉完全混合。

4 將作法 2 的洋蔥放入作法 1 的醬料中混合，再倒入作法 3 中與牛肉、豬肉均勻混合。

5 漢堡排塑型，雙手抹油從作法 4 取適量漢堡肉，可先以左右手甩打擠壓掉絞肉間的空氣再將漢堡肉塑型。

6 起一煎鍋，將漢堡排放入鍋內，蓋上鍋蓋以小火將兩面煎熟起鍋。

7 調醬料，用同一支鍋倒入豬排醬、番茄醬加熱拌勻即可起鍋，要吃的時候再將醬料倒入漢堡排即可。

料理長筆記

● 此份量約可做出約 6 ～ 7 個手掌大的漢堡排。
● 洋蔥先以微波爐加熱再放入牛肉、豬肉內可減少洋蔥出水，也可降低洋蔥的辛辣口感。
● 漢堡排做好可直接分裝進冷凍，也可都煎熟後再分裝冷藏，冷凍約可保存 3 週，冷藏約可放 3 ～ 4 天。
● 漢堡排本身已經有調味了，醬料只是增添風味，不喜歡的人可以省略醬料的作法。

便當 #24

紅酒牛肉

紅酒牛肉作法及原料都很簡單，
是道不折不扣的懶人料理。

橙醋秋葵
P.145

培根奶油玉米
P.150

材料

奶油：1塊，約10g
牛五花肉：200g，對半切
洋蔥：60g，切絲
鴻禧菇：70g
鹽：1g
胡椒：1g
雞粉：5g
水：400ml
番茄醬：20g
紅酒燴飯塊：1／2盒

作法

1 起一煎鍋放奶油，待奶油開始融化後，再放入牛五花肉煎熟。

2 待牛肉煎熟後加入洋蔥絲、鴻禧菇一起拌炒，加入鹽、胡椒、雞粉拌勻。

3 倒入水蓋上鍋蓋煮滾，此時可將湯汁中的浮油、浮沫撈掉，加入番茄醬均勻混合在湯裡繼續煮。

4 要加入紅酒燴飯塊前記得先關火，待紅酒燴飯塊完全融化後再開火煮5分鐘即可起鍋。

料理長筆記

● 紅酒牛肉煮好後，可先分裝放入冷凍保存，約可保存3週，要吃的時候再拿出來加熱即可。

便當 #25

雞肉炊飯

快速美味的日式家庭料理，
只需將準備好的食材放進電鍋就可以。

材料

柴魚醬油：180ml

水：180ml

米：2杯，洗乾淨

竹筍：30g，切薄片

紅蘿蔔：20g，切薄片

新鮮香菇：2朵，切塊

油豆皮：30g，切條

雞腿肉：1片，約200g，切每塊2公分大小

外鍋水：2杯水

作法

1 洗米，以清水輕輕洗2次後，先浸泡30分鐘。

2 調醬汁，取一空碗放入柴魚醬油、水，柴魚醬油：水＝1：1。

3 取出電鍋內鍋放入米、加入作法2醬汁，再依序放入竹筍、紅蘿蔔、新鮮香菇、油豆皮、雞腿肉，讓食材均勻鋪滿在米上。

4 在電鍋外鍋放2杯水，將內鍋放入電鍋內按下煮飯鍵開始煮飯。

5 在等飯煮熟的時候，可將豌豆莢放入碗中加水以微波爐加熱30秒，放涼取出切段。

6 待飯熟後，加入作法5的豌豆莢即可。

料理長筆記

● 雞肉炊飯做好可直接分裝冷藏，冷藏約可放3～4天、冷凍可放2週。
● 白米只需以清水清洗2次去除雜質即可，太用力或太多次米粒會碎裂，也會破壞米的營養素。

便當 #26

鯖魚味噌煮

充滿濃濃日式風味的鯖魚味噌煮，
隔夜加熱更好吃。

芝麻菠菜
P.142

馬鈴薯蛋沙拉
P.148

小黃瓜芹菜淺漬
P.144

材料

水：200ml
清酒：30ml
味醂：30ml
醬油：5ml
糖：10g
薑泥：5g
蔥：1／2支，切段
鯖魚：1片，切段
味噌：20g

作法

1 切鯖魚，將鯖魚切成3片，在魚背上以刀劃X，這個動作可避免煮熟的魚片捲曲。

2 起一煎鍋倒水、清酒、味醂、醬油、糖、薑泥、蔥段，以小火烹煮。

3 待水滾後，放入鯖魚蓋鍋蓋繼續煮10分鐘。

4 時間到後再加入味噌拌勻，轉中火煮到湯汁收乾一些即可起鍋。

料理長筆記

● 鯖魚味噌煮煮好後，分裝放入冷藏保存，可保存3天，要吃的時候再拿出來加熱。

便當 #27

牛丼

在家也能做出日式料理店的牛丼，
只要把醬汁比例調好堪稱零失敗料理。

材料

水：50ml
醬油：15ml
柴魚粉：3g
洋蔥：20g，切絲
牛五花肉片：100g，切段
糖：5g

作法

1 調醬料，取一空碗倒入水、
  醬油、柴魚粉、味醂拌勻。
2 加入洋蔥、牛五花肉片，讓
  肉片與洋蔥均勻沾附醬料。
3 蓋上保鮮膜，放進微波爐微
  波 2 分半即可。

便當 #28

培根野菇炒

以微波爐加熱就能完成，
快速簡單就算廚房小白也能一次學會。

韭菜烘蛋
P.141

蒟蒻金平
P.151

材料

鴻禧菇：15g

新鮮香菇：1朵，切片

杏鮑菇：1朵，切片

豬培根：2片，切段

蒜頭：1瓣，拍碎切蒜末

奶油：10g

鹽：1g

胡椒：0.5g

醬油：5ml

作法

1 取一空碗，將鴻禧菇、新鮮香菇、杏鮑菇放入碗中。

2 將豬培根、蒜末、奶油、鹽、胡椒、醬油加入碗中。

3 蓋保鮮膜，放入微波爐加熱1分半後取出拌勻即可。

料理長筆記

● 市售菇類如鴻喜菇、杏鮑菇、秀珍菇、蘑菇等，料理前並不需要特別清洗，如果表面沾上泥土，只需以軟毛刷清除即可。

便當 #29

雞肉拌山葵海苔醬

有了山葵海苔醬的加持，
讓雞柳口感軟嫩、風味濃郁。

青花菜蛋沙拉
P.147

材料

雞柳：5 條
橄欖油：5ml
海苔醬：30g
山葵醬：5g
味醂：5ml
醬油：5ml

作法

1 取一空碗將雞柳放入碗中，在雞柳上加入橄欖油蓋上保鮮膜，以微波爐加熱約 2 分鐘。

2 調醬料，取一空碗將海苔醬、山葵醬、味醂、醬油放入碗中拌勻。

3 利用剪刀將作法 1 的雞柳剪小塊，加入作法 2 的醬料拌勻即可。

料理長筆記

● 一般家庭用的微波爐約 700 W ～ 900W，若怕雞柳太熟（或不熟）可以每次 30 秒為單位來微波，確認雞柳內部完全變熱即可。

便當 #30

親子煮

簡易版的親子煮吃起來親爽不油膩，
是一道無油煙的零失敗料理。

材料

洋蔥絲：25g
雞腿肉：100g，切塊
柴魚醬油：50ml
雞蛋：1 顆，全蛋
七味粉：適量

作法

1 取一空碗，放入洋蔥、雞腿肉、柴魚醬油。
2 蓋上保鮮膜，放進微波爐加熱 2 分鐘。
3 取另一空碗，打入雞蛋打散。
4 待作法 2 的雞肉微波好後取出，將作法 3 的蛋液倒入碗中，再放入微波加熱 50 秒即可。
5 食用前可加入適量七味粉。

料理長筆記

● 將蛋液倒入再微波時，可以視每個人喜歡的熟度來增減微波時間，要帶便當建議蛋要熟一點，蛋液才不會變得水水。

便當 #31

鮪魚味噌沙拉

心情不好沒胃口？
那就用簡單的沙拉為自己加油打氣。

醃漬蛋
P.139

小黃瓜芹菜淺漬
P.144

油豆腐味噌煮
P.149

材料

油漬鮪魚罐頭：1 罐
玉米粒：10g
美乃滋：10g
白味噌：5g
醬油：3ml
洋蔥丁：5g

作法

1 將油漬鮪魚罐頭中的油倒掉。
2 加入玉米粒、美乃滋、白味噌、醬油、洋蔥拌勻即可。

料理長筆記

● 市售的鮪魚罐頭分為油漬、水煮，本次使用的是油漬鮪魚罐頭，口感較滑順。

便當常備菜

隨手做！

所謂的常備菜，就是事先做好隨時可吃的菜色，還能兼顧營養均衡，常備菜絕對是上班族的便當神隊友。這些簡單的家常料理，即使零廚藝的廚房小白，也能一次上手，簡單的醃漬菜、炒蔬菜、涼拌沙拉等，都能讓便當更好吃，視覺與味覺都能滿足。

蘆筍味噌炒

材料

蘆筍（細）：100g
蒜末：5g
糖：5g
醬油：5ml
七味粉：2g
白味噌：15g
清酒：30ml
香油：10ml

作法

1 蘆筍削皮，蘆筍接近根部的纖維比較粗，需削
   去接近根部 1 ／ 2 的皮，再斜切段，每段約 4 ～
   5 公分。

2 調醬料，取一空碗將蒜末、糖、醬油、七味粉、
   白味噌、清酒到入碗中拌勻。

3 起一煎鍋倒香油，把蘆筍放入鍋內以中小火炒
   約 2 分鐘，轉小火再把作法 2 的醬料放入鍋內
   拌炒勻，待湯汁收乾即可。

蟹肉毛豆蛋

材料

蟹肉棒：30g
冷凍毛豆仁：20g
雞蛋：2 顆
油：10ml

作法

1 蟹肉棒用手撕成絲。
2 取一空碗將雞蛋打散，再加入
  蟹肉、毛豆。
3 起一煎鍋加油，以中小火熱鍋
  後加入作法 2 的蛋液炒至蛋熟
  即可。

料理長筆記

● 蟹肉棒本身已經有鹹
味，可依個人口味喜
好決定是否再加鹽。

醃漬蛋

材料

雞蛋：3 顆
蔥：30g
洋蔥：30g
蒜頭：10g
薑：5g
韓國辣椒醬：10g
醬油：100ml
糖：15g
飲用水：50ml

作法

1 煮半熟蛋，起一湯鍋到水，用湯匙
  輔助將蛋放入鍋內，以中小火煮 7
  分鐘，時間到後沖冷水降溫到蛋不
  燙手後將蛋去殼。

2 調醬料，將蔥、洋蔥、蒜頭、薑一
  起放入調理機打勻，再加入韓國辣
  椒醬、醬油、糖、飲用水繼續拌勻。

3 把蛋放入作法 2 的醬料裡，建議使
  用密封袋裝，並且讓蛋能完全浸泡
  在醬汁裡，先放進冰箱保存一個晚
  上，隔天再取出食用。

料理長筆記

● 從冰箱取出的蛋要煮
  7 分半，常溫蛋煮 7
  分鐘，建議挑選能生
  吃級的蛋來做。

● 利用湯匙輔助將蛋放
  入鍋內，是為了避免
  徒手放蛋時，蛋殼碰
  到鍋底裂開。

玉子燒

材料

雞蛋：3 顆
醬油：2ml
柴魚粉：3g
水：50ml
油：每層蛋約 5ml

作法

1 取一空碗將柴魚粉、水、醬油拌勻，再打入 3 顆蛋均勻混合。

2 起一熱鍋倒油，讓油均勻塗滿整個鍋子，倒入適量蛋液以小火烹煮，讓蛋液均勻鋪滿鍋子。

3 待接觸鍋面的蛋液開始凝固時，用鍋鏟或筷子將蛋從鍋子頂部往自己的方向捲，捲到剩 1／3 長度時再把蛋往回推至鍋子頂部。

4 在鍋內倒適量油（要讓鍋子沾滿油），繼續倒入蛋液鋪滿 2／3 鍋子，並重覆作法 3 的動作，此份量約可捲 4、5 層。

料理長筆記

● 蛋液也可加入蔥、明太子、鰻魚，如果要加入疏菜，建議當日食用完畢。

韭菜烘蛋

材料

韭菜：20g

雞蛋：2 顆

柴魚粉：3g

醬油：5ml

水：20ml

油：10ml

作法

1 韭菜先切段，每段約 3 ～ 4 公分，
  接近根部纖維粗口感較硬，建議切
  掉捨棄。

2 取一空碗將雞蛋打入，加入柴魚
  粉、醬油、水拌勻，要下鍋前再加
  入韭菜拌勻。

3 起一熱鍋到油，鍋熱後到入蛋液以
  小火烹煮，兩面煎熟即可。

料理長筆記

● 韭菜容易生水，建議
  要下鍋前再加入蛋液
  中，以免韭菜生水影
  響口感。

● 擔心無法一次順利將
  蛋翻面，可先用鍋鏟
  將蛋切一半，再將蛋
  分 2 次翻面。

芝麻菠菜

材料

菠菜：100g
黑芝麻：30g
醬油：40ml
糖：20g
飲用水：20ml

作法

1 起一湯鍋，水滾後先將菠菜根部放入燙 15 秒、再將整把菠菜放入水中一起燙 15 秒，起鍋後沖冷水，讓菠菜完全冷卻。
2 把燙熟的菠菜水份擠乾，擠乾後切小段，每段約 4 ～ 5 公分長。
3 調醬料，將黑芝麻、醬油、糖、飲用水放進調理機打成泥。
4 把菠菜與醬料均勻混合即可。

料理長筆記

● 燙菠菜時不要先切段，整把下去煮營養成份才不會流失太快、太多。

柚子蘿蔔

材料

蘿蔔：200g
柚子醬：30g
鹽：2g
醋：10ml

作法

1 蘿蔔先削皮、切薄片。
2 調醬料，把柚子醬、鹽、醋放進密
　封袋裡拌勻，再放入作法 1 的蘿蔔
　片，建議先淹漬一個晚上。

小黃瓜芹菜淺漬

材料

小黃瓜：200g
西洋芹：100g
昆布茶：5g
鹽：2g
醬油：3ml

作法

1 小黃瓜切薄片。

2 西洋芹先削皮，把最外層的粗纖維削掉、切薄片。

3 調醬料，將昆布茶、鹽、醬油放進密封袋裡拌勻，把小黃瓜、芹菜放入一起攪拌，建議放一個晚上後再食用。

橙醋秋葵

材料

秋葵：10 條
橙醋醬油：50ml
鹽：5g
白芝麻：適量

作法

1 起一湯鍋加鹽，將秋葵放
　入滾水中煮 2 分鐘，起鍋
　用冷水降溫。
2 去除秋葵蒂頭並切小段。
3 加入橙醋醬油、白芝麻拌
　勻即可。

高麗菜昆布

材料

高麗菜：100g
鹽昆布：15g
香油：20g

作法

1 高麗菜用手撕小片，簡單
  沖洗一下瀝乾。
2 調醬料，將鹽昆布、香油
  放入密封袋，再加入高麗
  菜拌勻即可。

料理長筆記

● 同樣的醬料、做法，
  也可將高麗菜換成小
  黃瓜、紅蘿蔔、美生
  菜。

青花菜蛋沙拉

保存時間及方法

冷藏 2 天

材料

鹽：2g
青花菜：100g
雞蛋：2 顆
鮪魚罐頭：50g
美乃滋：10g
胡椒：0.5g

作法

1　煮水煮蛋，起一湯鍋加 1g 的鹽，
　　利用湯匙輔助將蛋放入鍋內，等水
　　滾 7 分鐘後再放青花菜繼續煮 2 分
　　鐘，時間到將蛋與青花菜起鍋一起
　　沖冷水降溫，並將蛋去殼。

3　取一空碗，將鮪魚、美乃滋、鹽、
　　胡椒攪拌均勻，再把青花菜、蛋一
　　起加入拌勻即可。

料理長筆記

● 水煮青花菜加鹽可以
　保持青花菜的顏色翠
　綠。
● 從冰箱取出的蛋要煮
　9 分半，常溫蛋煮 9
　分鐘。
● 煮水煮蛋、青花菜的
　水，要以能蓋過食材
　為主；利用湯匙輔助
　將蛋放入鍋內，是為
　了避免徒手將蛋放入
　鍋內時，蛋殼碰到鍋
　底裂開。

馬鈴薯蛋沙拉

材料

馬鈴薯：400g
鹽：3g
胡椒：1g
雞蛋：2 顆
洋蔥：50g，切絲脫水
美乃滋：80g

作法

1 用包鮮膜將馬鈴薯一顆一顆包起來，以微波爐微波約 5 分鐘，可用牙籤刺看看有沒有熟。

2 將馬鈴薯去皮搗碎，與鹽、胡椒一起拌勻放涼。

3 煮水煮蛋，起一湯鍋，利用湯匙輔助將蛋放入鍋內，等水滾 9 分鐘後起鍋沖冷水降溫再去殼。

4 將馬鈴薯泥、洋蔥、美乃滋、蛋一起拌勻即可。

料理長筆記

● 洋蔥容易生水要先進行脫水，在洋蔥絲中加入 3g 的鹽搓揉靜置，待洋蔥水份完全釋出將水擠乾，才不會破壞口感。

● 馬鈴薯也可用水煮，水要蓋過馬鈴薯，從冷水放入鍋內開始煮，水滾後調小火，火太大馬鈴薯會在水中爆開，約煮 20 ～ 25 分鐘。

油豆腐味噌煮

材料

油豆腐：300g
柴魚粉：3g
醬油：10ml
白味噌：50g
水：300ml
薑泥：5g

作法

1 起一湯鍋，水蓋過油豆腐即可，讓油豆腐在滾水中汆燙 1 ～ 2 分鐘起鍋。

2 另起一湯鍋，加入柴魚粉、醬油、白味噌、薑泥、水以中小火煮滾後放入油豆腐，繼續煮約 10 分鐘即可。

料理長筆記

● 油豆腐先以滾汆燙可以去除油豆腐上的油份。

● 可以當場吃，隔天再吃會更入味。

培根奶油玉米

保存時間及方法

冷藏 3 天

材料

玉米粒罐頭：1 罐，約 350g

培根：50g

奶油塊：20g

鹽：3g

胡椒：1g

蒜末：5g

作法

1 將玉米粒罐頭的水份倒掉。

2 培根切小段，每段約 2 ～ 3 公分。

3 起一煎鍋加 10g 奶油，把培根放入
　鍋內以中小火炒，再加入玉米、
　鹽、胡椒、蒜末一起拌炒 1 ～ 2 分
　鐘，待水份收乾，起鍋前加 10g 奶
　油拌勻即可。

蒟蒻金平

材料

蒟蒻：300g
香油：15ml
乾辣椒：1 條，切段
柴魚粉：3g
醬油：30ml
糖：15g

作法

1 蒟蒻先切小塊，可直接用湯匙切割
  出不規則、適合入口的大小，

2 起一煎鍋放香油、辣椒，再放入蒟
  蒻以中火烹煮，蒟蒻有水份小心會
  噴油，再放柴魚粉、醬油、糖拌勻
  至湯汁收乾即可。

料理長筆記

● 以湯匙切割蒟蒻不規
  則狀，讓蒟蒻產生凹
  凸不平面，更能讓蒟
  蒻充分吸附醬汁、更
  入味。
● 可直接吃，也可先冷
  藏靜置一個晚上。

日式照燒醬

適用：各種食材
冰箱冷藏：1～2個星期

清酒：50ml

醬油：40ml

味醂：50ml

糖：15g

將清酒、味醂、醬油、糖放入鍋內加熱，煮到泡泡越來越大、醬汁變得濃稠即可。

蔥鹽醬

適用：各種肉類
冰箱冷藏：1～2個星期

薑：30g，切小段

蔥：30g，切小段

鹽：1g

香油：50ml

蒜頭：1瓣

將蔥、薑、蒜頭、香油、鹽放入料理機內打勻即可。

味噌醬

適用：海鮮、魚類

冰箱冷藏：1 ～ 2 個星期

白味噌：50g

七味粉：適量

醬油：50ml

白芝麻：適量

蒜泥：5g

糖：10g

味醂：30ml

將白味噌、味醂、醬油、糖、七味粉、蒜泥、白芝麻放入碗中拌勻即可。

洋蔥醬

適用：各種蔬菜

冰箱冷藏：1～2個星期

紅蘿蔔：20g，切小塊

橙醋醬油：30ml

胡椒：1g

洋蔥：50g，切小塊

橄欖油：50ml

鹽：1g

美乃滋：10g

蒜頭：8g

將洋蔥、紅蘿蔔、蒜頭、鹽、胡椒、橙醋醬油、橄欖油、美乃滋
放入調理機中打勻即可。

國家圖書館出版品預行編目(CIP)資料

零廚藝也可以！15分鐘做出日式星級便當 / 稻村健司著 . -- 初版 . -- 臺北市：大塊文化出版股份有限公司 , 2022.08
面； 公分　ISBN 978-626-7118-73-3(平裝)　1.CST: 食譜 2.CST: 烹飪　　427.17　　　　　　111009743

LOCUS

LOCUS

LOCUS